U0239282

揭 秘 昆 虫

了不起的
农田护卫队

北京市植物保护站
中国农学会　组编

橄榄驴　绘

中国农业出版社
北 京

图书在版编目(CIP)数据

了不起的农田护卫队 / 北京市植物保护站，中国农学会组编 . -- 北京：中国农业出版社，2022.6
（揭秘昆虫）
ISBN 978-7-109-30046-0

Ⅰ . ①了… Ⅱ . ①北… ②中… Ⅲ . ①天敌昆虫－生物防治－少儿读物 Ⅳ . ① S476.2-49

中国版本图书馆 CIP 数据核字 (2022) 第 175286 号

了不起的农田护卫队
LIAOBUQIDE NONGTIAN HUWEIDUI

中国农业出版社出版
地址：北京市朝阳区麦子店街18号楼
邮编：100125
责任编辑：郭晨茜　孟令洋　谢志新
版式设计：杜　然　　责任校对：吴丽婷　　责任印制：王　宏
印刷：北京通州皇家印刷厂
版次：2022年6月第1版
印次：2022年6月北京第1次印刷
发行：新华书店北京发行所
开本：889mm×1194mm　1/20
印张：6
字数：150千字
定价：58.00元

版权所有·侵权必究
凡购买本社图书，如有印装质量问题，我社负责调换。
服务电话：010－59195115　010－59194918

编委会

主　编　　　　尹　哲　孙贝贝　侯峥嵘

　　　　　　　李金萍　包书政　廖丹凤

副主编　　　　彩万志　郭晓军　仇兰芬

　　　　　　　王建赟　张怀江　王长海

　　　　　　　张　楠　杨清坡

参　编（按姓氏笔画排序）

　　　　　　　王　丽　王恩东　王震华

　　　　　　　刘宝玉　李　锦　肖金芬

　　　　　　　吴　蕊　吴继宗　林珠凤

　　　　　　　张　宁　张　帆　张　超

　　　　　　　张　博　张保常　郎亚亨

　　　　　　　徐　凯　徐学农　董　民

　　　　　　　董　杰

审　稿　　　　康　乐　张润志　杨忠岐

序

　　生物防治法自天然，古来有之。利用天敌防治害虫在我国有着悠久的历史，在保护农作物免受害虫的侵袭中发挥了至关重要的作用。20世纪80年代，随着化学杀虫剂的大量问世，人们自以为已经打赢了这场作物保卫战。然而，化学农药的使用是一把双刃剑，在杀死害虫、保障粮食丰产的同时，也大量杀死农田卫士——天敌，破坏生态平衡，造成农药残留、环境污染、生态破坏、害虫抗药性增强等一系列问题，引发社会广泛关注。特别是进入21世纪，农田污染、食物安全事件接连出现，使人们越来越重视农产品农药残留问题，聚焦食品安全热点。如何让我们在保证粮食安全的前提下，减少化学农药的使用，使我们的农业生产变得更绿色，产品变得更有机，国家提出并实施了"双减"行动，以及科技创新、发挥天敌昆虫作为作物生产"守护神"的作用，为农业绿色生产、粮食安全、生态平衡提供保驾护航。

　　我国仅农作物天敌种类就超过2 000种，相较发达国家，可称得上一个天敌资源富国，但却不是强国。发达国家对生物天敌的研究与应用比较早，目前商业化的产品种类超过180种，主要为寄生蜂类、捕食螨类、捕食蝽类、草蛉和瓢虫类等，其中80%以上的天敌使用在温室蔬菜和花卉上。我国虽然天敌资源丰富，但产业发展起步较晚，实现商品化的品种较少。北京市的天敌生产和应用一直位居全国前列，搭建有产学研有机结合的平台，共有天敌

生产企业 20 家，商品化的天敌 22 种，实现了设施蔬菜主要害虫天敌防控的全覆盖，以及害虫有效防控、农产品质量提升和农业生态改善的多赢。北京市天敌生产和应用技术在引领全国的同时，积极与其他省市开展天敌防治技术合作，持续推进生物防治在我国更深、更广的发展。

　　我阅读了《了不起的农田护卫队 》的书稿，本书以手绘原创漫画的形式，以有趣的故事情节，从天敌昆虫的历史娓娓道来，介绍了 11 种商品化应用或者研究较多的农田天敌昆虫。该书创作手法独特，表现形式生动，富有特色和吸引力，避免了枯燥的说教；文字描述也做到了用浅显易懂的语言将复杂的专业知识讲清楚，更有利于向青少年传播科学知识，启迪青少年对自然科学的兴趣，提高青少年的科学素养。相信本书的出版能够增强他们对天敌昆虫的了解，帮助他们在自然界中准确识别这些天敌，培养保护生态环境的理念，有助于促进我国丰富的天敌资源保护和"以虫治虫"技术的应用，推动天敌产业的发展。

中国科学院院士

2022 年 4 月 21 日

在农田里，既有啃食庄稼的害虫，也有保护庄稼的益虫，这些益虫组成了农田护卫队。

保护和利用自然界中的天敌来控制害虫的方法俗称"以虫治虫"，
是生物防治的一种，历史悠久。
早在 2800 年前（公元前 800 年左右）的《诗经》里"螟蛉有子，蜾蠃负之"，
记述的便是蜾蠃捕捉毛毛虫的现象。

诗经

螟蛉有子，蜾蠃负之。

guǒ luǒ

蜾蠃是一种黑色的细腰蜂，常捕捉螟蛉入巢，
这些蜾蠃把螟蛉衔回窝中，
用自己尾部的毒针把螟蛉刺个半死，
然后在其身上产卵，孵孵化后就拿螟蛉做食物。

1700 年前的《南方草木状》中记载有
广东果农购买黄猄蚁控制柑橘害虫，
这是最早的生物防治实例。

随着绿色发展的理念深入人心，
保护和利用害虫天敌在农林业生产上越来越普遍。
经过多年的研究，已经商品化的天敌品种约 30 个，
这些天敌朋友们像田间卫士一样，时刻保护着我们的农田。

卵卡

丰富的天敌商品

目 录

序

第一部分
捕食战士

蝎蝽

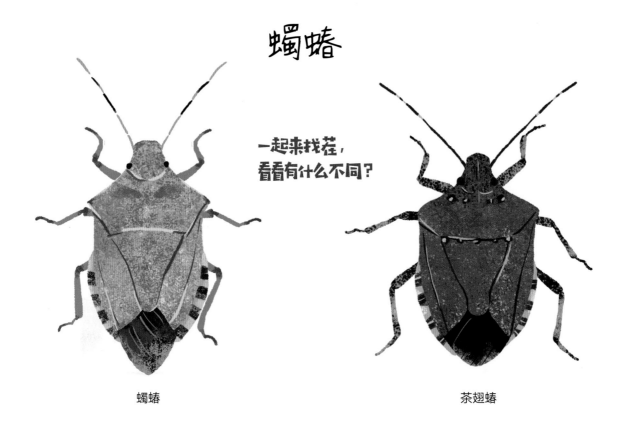

一起来找茬，
看看有什么不同？

蝎蝽

茶翅蝽

蝎蝽也是我们俗称的"臭大姐"的一种，
身上长有臭腺，受到惊扰时便会释放臭气。
蝎蝽和为害植物的（茶翅蝽）长得很像，
在野外遇到的时候可要仔细分辨呦！

14

榆蓝叶甲

蝎蝽喜欢在榆树、杨树林、棉田、
大豆田等地活动，
是重要的捕食性天敌。

榆树

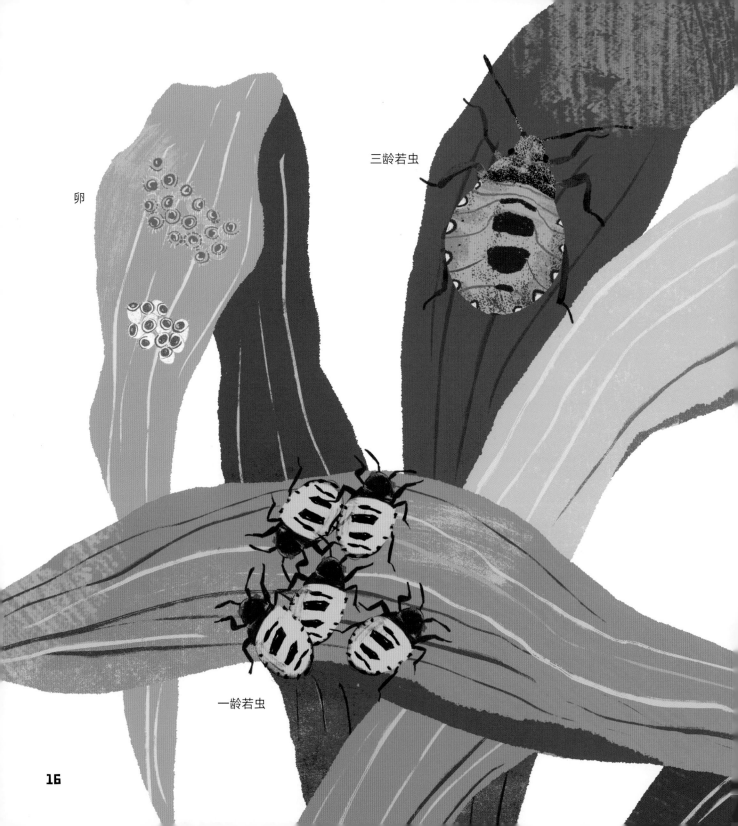

卵

三龄若虫

一龄若虫

16

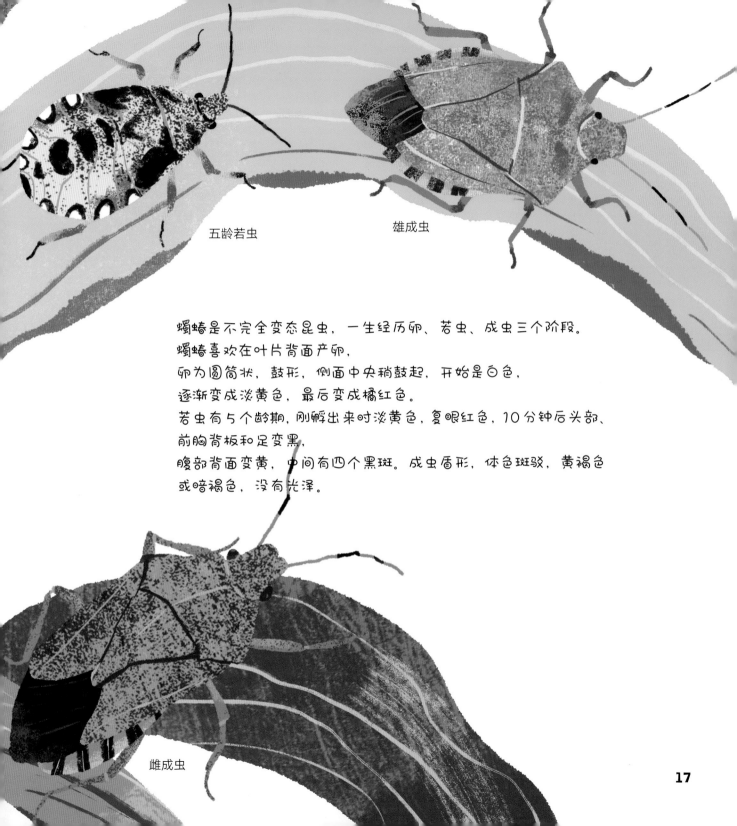

五龄若虫

雄成虫

蝽蟓是不完全变态昆虫，一生经历卵、若虫、成虫三个阶段。
蝽蟓喜欢在叶片背面产卵，
卵为圆筒状，鼓形，侧面中央稍鼓起，开始是白色，
逐渐变成淡黄色，最后变成橘红色。
若虫有5个龄期，刚孵出来时淡黄色，复眼红色，10分钟后头部、
前胸背板和足变黑，
腹部背面变黄，中间有四个黑斑。成虫盾形，体色斑驳，黄褐色
或暗褐色，没有光泽。

雌成虫

17

美国白蛾

蠋蝽可以捕食松毛虫、榆蓝叶甲、棉铃虫、盲蝽等害虫，最喜欢吃鞘翅目和鳞翅目害虫的幼虫。外来入侵的美国白蛾、马铃薯甲虫和近年来爆火的"幺蛾子"——草地贪夜蛾，都是它的食物！

马铃薯甲虫

甜菜夜蛾

榆蓝叶甲

早在 20 世纪 70 年代我国就用蠼螋防治榆树上的叶甲取得了较好的效果。

1 头蠼螋一生可以吃掉 110 头榆蓝叶甲。

除了捕食害虫外，蠼螋也喜欢刺吸植物来补充水分，但不会对植物造成伤害。

斜纹夜蛾

如果农田里几种害虫同时存在，蝎蝽最喜欢吃什么呢？
科学家研究发现，相同数量的斜纹夜蛾、棉铃虫和甜菜夜蛾同时存在，
蝎蝽最喜欢吃斜纹夜蛾。

斜纹夜蛾

斜纹夜蛾

棉铃虫

甜菜夜蛾

电子点菜机

蝽蟓商品

人工释放螳螂一般选择三至五龄若虫和成虫。
螳螂不喜欢吃蚜虫、粉虱、叶螨等小型害虫，
在农田里可根据害虫的发生情况与瓢虫、小花蝽、
寄生蜂等天敌配合释放。

扫一扫
有惊喜

瓢虫

瓢虫是鞘翅目瓢虫科昆虫的通称，
身体呈半球形，像葫芦做成的瓢。

葫芦瓢

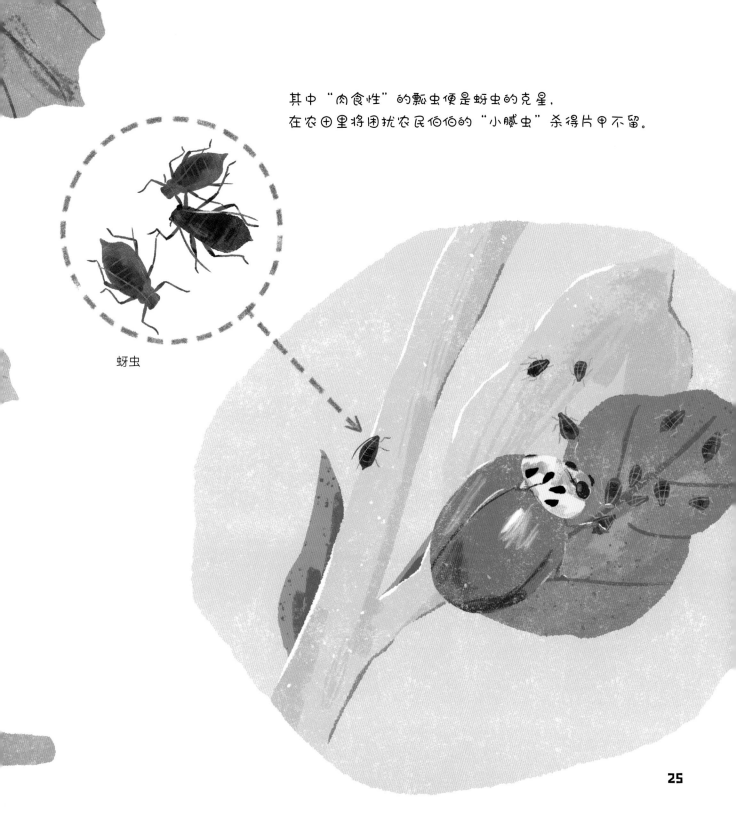

其中"肉食性"的瓢虫便是蚜虫的克星，
在农田里将围扰农民伯伯的"小腻虫"杀得片甲不留。

蚜虫

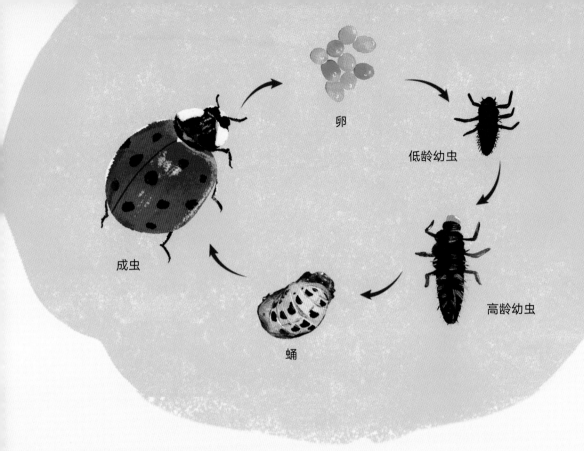

卵

低龄幼虫

高龄幼虫

蛹

成虫

瓢虫的一生要经过卵、幼虫、
蛹和成虫四个不同的发育阶段。

其中幼虫和成虫可以捕食棉蚜、烟蚜、桃大尾蚜、麦二叉蚜、
禾谷缢管蚜、落叶松大蚜等多种蚜虫，
也可以取食介壳虫、粉虱、叶螨、飞虱、鳞翅目昆虫的卵和幼虫。
据统计，一只瓢虫一天可以吃掉 100 多只蚜虫。

农田里的瓢虫有七星瓢虫、龟纹瓢虫、
异色瓢虫等。

七星瓢虫是瓢虫家族中最有名的成员，
鞘翅是艳丽的红色或橙红色，
圆圆的背上有7个黑点。

异色瓢虫是瓢虫家族中应用最广泛的成员，
它的体色"变化多端"，
有100多种不同的鞘翅色斑，
仅在北京就可以找到50多种。

龟纹瓢虫的个头比七星瓢虫和异色瓢虫要小一些，
因背部鞘翅上的斑呈龟纹状而得名，
斑纹多变，有时鞘翅全黑或无黑纹。
龟纹瓢虫比异色瓢虫更耐高温，
可在夏季温室中用于防治蚜虫。

除了肉食性的瓢虫，农田里还有一些"坏"瓢虫，
其中最常见的就是二十八星瓢虫，背上有二十八个黑色斑点，
身体上有浓密的黄褐色细毛，会吃光农田里的茄子、马铃薯等作物。

人工饲养瓢虫

瓢虫作为重要的捕食性天敌昆虫，已经有130多年的应用历史。
除了要保护和利用好自然界的瓢虫以外，
我们现在已经可以人工饲养瓢虫，释放到蔬菜、果树等作物上，
控制蚜虫为害。

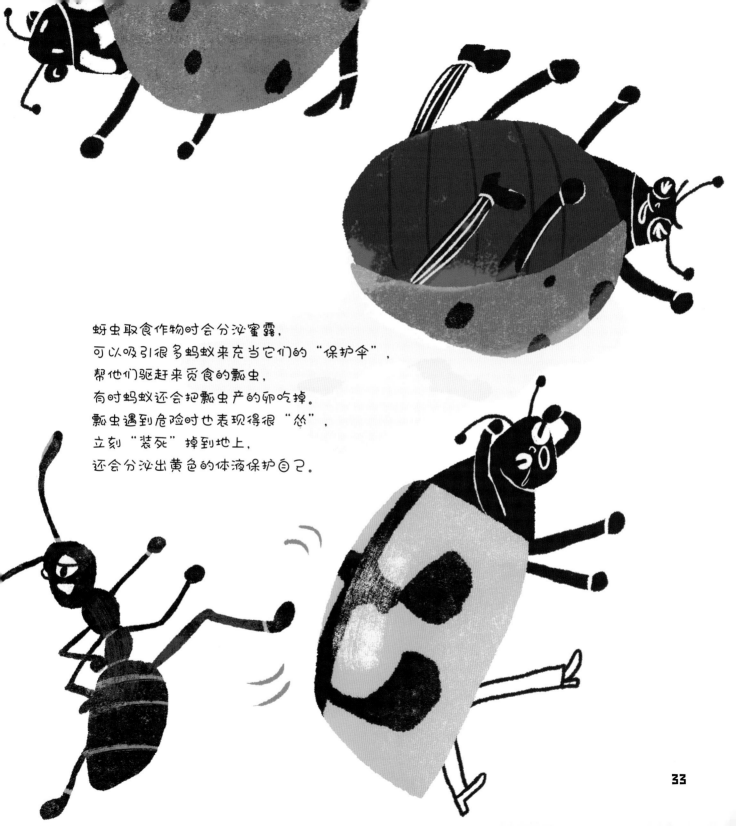

蚜虫取食作物时会分泌蜜露，
可以吸引很多蚂蚁来充当它们的"保护伞"，
帮他们驱赶来觅食的瓢虫，
有时蚂蚁还会把瓢虫产的卵吃掉。
瓢虫遇到危险时也表现得很"怂"，
立刻"装死"掉到地上，
还会分泌出黄色的体液保护自己。

小花蝽

小花蝽是半翅目花蝽科小花蝽属的一类昆虫，个头虽然很小，
却有"田间卫士"的美称，是名副其实的捕虫高手。
小花蝽在世界上分布广泛，已知的有 80 多种，
我国目前已经实现商品化的小花蝽有：东亚小花蝽、
南方小花蝽和微小花蝽，
被广泛用于防治设施园艺作物害虫。

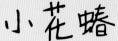

扫一扫
有惊喜

成虫

若虫

东亚小花蝽是不完全变态昆虫，一生经历卵、若虫、成虫三个阶段。
卵形状像长茄子，一般产在植物组织里面，很难被发现。
发育成熟后，卵盖打开，若虫孵化出来。
若虫有 5 个龄期，刚孵出来为黄白色、透明状，
逐渐变成黄色至褐色，有一对鲜红色的复眼。
成虫也仅有 2 毫米左右，全身具微毛，背面满布刻点，翅膀能覆盖身体。

卵

三龄若虫

雄成虫

五龄若虫

四龄若虫

雌成虫

东亚小花蝽成虫和若虫都喜欢捕食蓟马、蚜虫、叶螨、粉虱、鳞翅目害虫的低龄幼虫和卵等，
一生能吃掉300多头桃蚜，成虫平均每天能吃掉12头蓟马或者17头叶螨。

如果田里几种害虫都有的时候，小花蝽更喜欢吃什么呢？
研究发现，相同数量的西花蓟马、桃蚜、二斑叶螨同时存在时，
小花蝽成虫最喜欢吃西花蓟马，其次是桃蚜，二斑叶螨吃得最少。

我的最爱！

和瓢虫不同，
小花蝽是靠细长的口器刺入害虫体内，
吸食害虫的体液，
最终把害虫吸得只剩下空壳。

除了捕食农田害虫，东亚小花蝽还喜欢取食花粉、花蜜来补充营养。
春夏季，小花蝽喜欢生活在苜蓿、夏至草、罗勒、黄瓜、辣椒、梅豆、
丝瓜、棉花、大豆等植株上，
因为它们开花量大、花期长，又容易滋生蚜虫等害虫。

罗勒

苜蓿

夏至草

小花蝽饲养间

30 多年前，加拿大就成功引进美洲小花蝽防治辣椒和黄瓜上的西花蓟马。我国已建立了多家东亚小花蝽生产基地，实现了人工饲养东亚小花蝽，用在辣椒、黄瓜、草莓、西瓜等温室园艺作物上防治蚜虫、蓟马等害虫。

烟盲蝽

半翅目盲蝽科很多昆虫都是粉虱的克星，
在欧洲，捕食性盲蝽已经被广泛应用在蔬菜上防治害虫，
烟盲蝽便是其中一种。

扫一扫
有惊喜

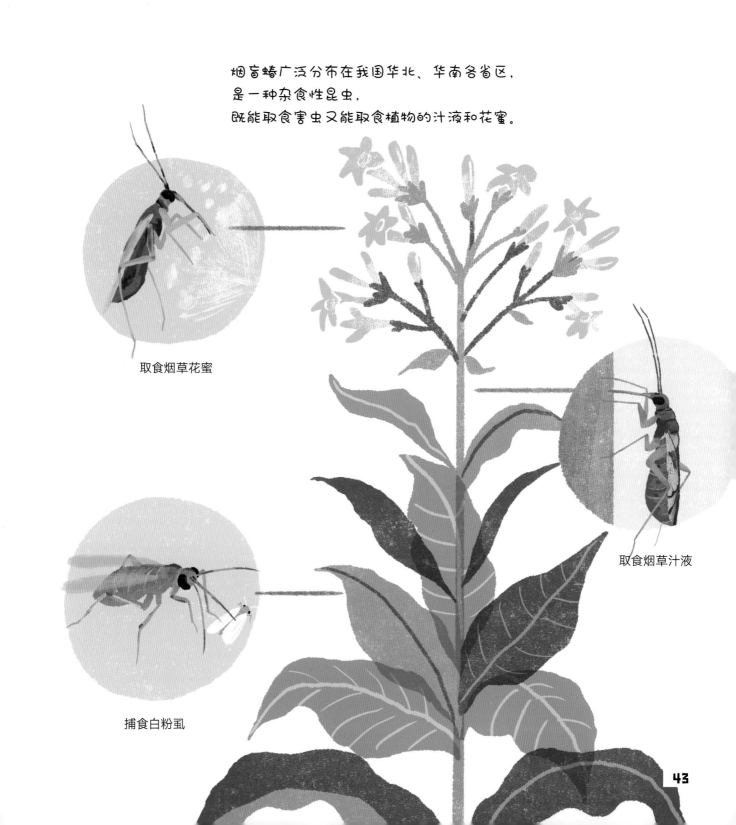

烟盲蝽广泛分布在我国华北、华南各省区，
是一种杂食性昆虫，
既能取食害虫又能取食植物的汁液和花蜜。

取食烟草花蜜

取食烟草汁液

捕食白粉虱

43

作为天敌，烟盲蝽最喜欢捕食粉虱，
也会捕食蓟马、蚜虫、潜叶蝇、
叶蝉以及鳞翅目昆虫的卵和小幼虫。

粉虱成虫

粉虱若虫

小菜蛾幼虫

蚜虫

蓟马

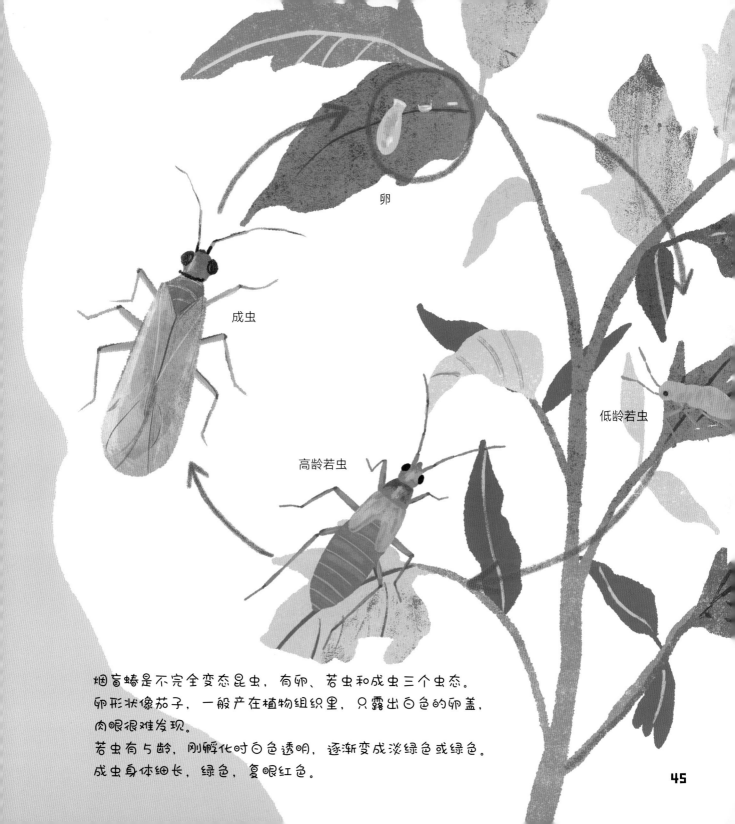

卵

成虫

高龄若虫

低龄若虫

烟盲蝽是不完全变态昆虫，有卵、若虫和成虫三个虫态。
卵形状像茄子，一般产在植物组织里，只露出白色的卵盖，
肉眼很难发现。
若虫有5龄，刚孵化时白色透明，逐渐变成淡绿色或绿色。
成虫身体细长，绿色，复眼红色。

在温室里，当害虫比较少的时候，单纯捕食性的天敌在田间定殖比较困难，
而像烟盲蝽这种杂食性的天敌定殖就比较容易。
观察发现，烟盲蝽吸食番茄植株的汁液对番茄的危害极小，可忽略不计；
而它对粉虱的控制效果对番茄却大大有益。
我国已经实现了烟盲蝽商品化，
在番茄、茄子等温室园艺作物上用于防治粉虱。

1~2头／米²

在番茄育苗床上每平方米释放烟盲蝽成虫 1 ~ 2 头，
成虫会将卵产在番茄幼苗上。

卵随番茄定殖到温室里，
会孵化出烟盲蝽若虫，
持续控制粉虱等害虫。

47

草蛉

草蛉是脉翅目草蛉科昆虫，
是一种完全变态昆虫，
一生要经历卵、幼虫、蛹、成虫四个阶段。

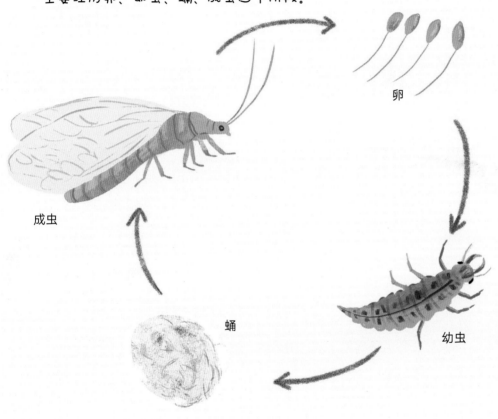

卵

幼虫

蛹

成虫

草蛉的卵形状像橄榄，
由一根根细长的富有弹性的丝线连接在叶片或者茎秆上，
像一簇簇的花蕊。
开始是绿色，逐渐变成灰白色，最后变成深灰色。

卵

草蛉的成虫通体绿色，
有两对无色透明的翅膀，
绿色的翅脉像网一样。

成虫产卵

与成虫不同，草蛉的幼虫看起来又丑又凶，
身体纺锤状，像鳄鱼一样。

幼虫吃蚜虫

草蛉的幼虫也叫"蚜狮"，生性凶猛，
可以捕食蚜虫、叶螨、蓟马、粉虱、介壳虫、
小型鳞翅目昆虫幼虫等多种害虫，
是个贪婪的"大胃王"，大草蛉一生能吃掉 1 000 多头蚜虫，
普通草蛉 1 小时就能吃掉 30 ~ 50 头叶螨。

它们的样子
和我好像！

我是一只
披着害虫皮的
草蛉~

有的草蛉幼虫会把吃完的猎物的残体
和自己蜕下来的皮背在身上，隐藏自己，
以防被蚂蚁、寄生蜂等敌人发现。

这是啥？

？？？？

草蛉的成虫一般只吃花粉、花蜜和昆虫分泌的蜜露，
也有部分草蛉的成虫，也和幼虫一样喜欢捕食多种害虫。

采食花粉花蜜的
"绿衣仙子"

好臭!

因为草蛉喜欢吃蚜虫，
也会受到蚂蚁的攻击，
草蛉的成虫会放臭气保护自己。

世界上已知的草蛉有 1400 多种，我国有 251 种，
最多的是大草蛉和日本通草蛉，分布广泛。
不同作物上的优势种也不同，
棉田里主要是大草蛉和日本通草蛉，
果园里主要是普通草蛉，
烟草田里最多的是大草蛉。

柑橘园

烟草田

棉田

草蛉最早在 20 世纪 60 年代开始在美国应用，
我国是 20 世纪 70 年代开始在新疆用来防治棉花害虫。
经过四五十年的发展，欧洲、美洲部分国家和澳大利亚
已经实现了草蛉的商品化应用，
我国虽然在棉花、果树、温室蔬菜上
用草蛉防治棉铃虫、叶螨、蚜虫、粉虱等取得了较好的效果，
但目前还没有成熟的产品和大面积推广应用。

螳螂

在农田里的这些天敌朋友里面，
螳螂个头又大，长得又凶，
是有名的"捕虫神刀手"。
成虫体长5～10厘米，头呈三角形，
一对前足长得又粗又大，
像镰刀一样。

螳螂拳

螳螂捕蝉

捕虫神刀手

螳螂一般是绿色，也有褐色、花斑等。
有些螳螂有很高超的伪装技能，
有的长得像花，有的像叶子，
成功地诱骗了猎物或捕食者。

**仔细找一找，
画面里有几只螳螂？**

螳螂一年一代，要经历卵、若虫和成虫三个阶段。
螳螂一般在秋季开始产卵，喜欢产在树木枝干上、墙壁、石头缝里，
每个雌虫产 4～5 个卵鞘，每个卵鞘有 40～300 粒卵。
卵要到第二年的 6 月左右才开始孵化，
若虫一般要蜕 7～11 次皮才能长成成虫。

卵鞘

若虫

成虫

雌螳螂堪比"母老虎"，个头、捕食能力和食量都比雄螳螂大，为了有足够的能量繁殖后代，还经常会把自己的"丈夫"吃掉。吃掉丈夫这种情形多发生在中华刀螳和欧洲螳螂身上。

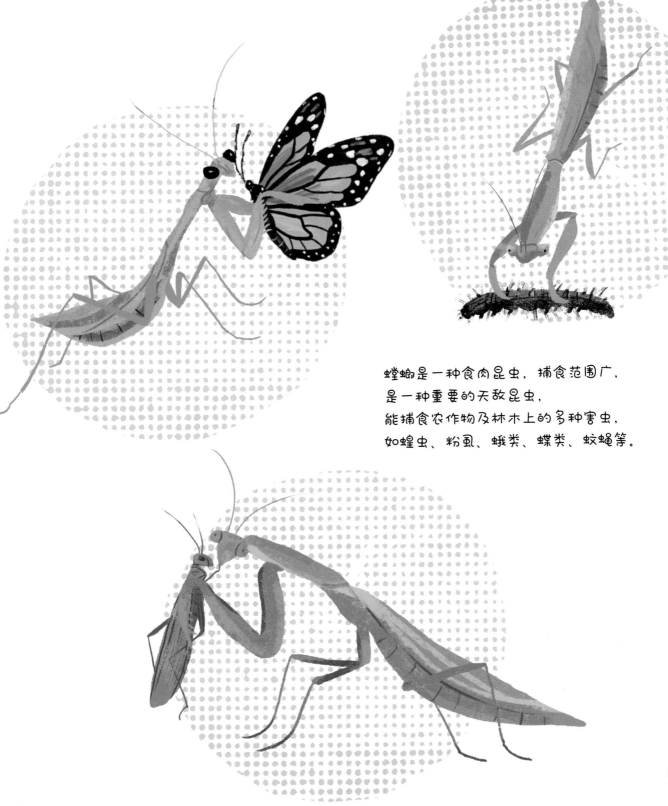

螳螂是一种食肉昆虫，捕食范围广，
是一种重要的天敌昆虫，
能捕食农作物及林木上的多种害虫，
如蝗虫、粉虱、蛾类、蝶类、蚊蝇等。

在农田里可以释放人工饲养的螳螂卵或者若虫，
控制蝗虫、鳞翅目害虫等。
虽然我国早在 20 世纪 80 年代就曾用螳螂防治棉田害虫取得了很好的效果，
但是现在螳螂的应用还处在研究阶段。

除了可作为天敌外，
螳螂还可以入药或者直接吃，
有的螳螂还有观赏价值。

螳螂的卵鞘（qiào）就是一味中药
——桑螵蛸（piāo xiāo）

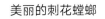

美丽的刺花螳螂

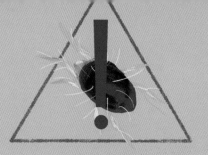

捕食螨

扫一扫
有惊喜

红蜘蛛也叫叶螨，是最令农民头疼的害虫，
几乎农田、果园里的植物都会成为它的食物。
别看它个头小，繁殖能力却特别强，
现在单纯依赖化学农药防治它们越来越难了。

不过，"一物降一物"，再厉害的红蜘蛛也有它的天敌。
它的死对头便是捕食螨，一类专门吃害螨或小型害虫的有益螨类。
利用它们控制害螨，保护作物，常可收到显著效果，
帮助农民解决了"大麻烦"。

捕食螨

捕食螨

捕食螨属于节肢动物门蛛形纲，像蜘蛛一样有 8 条腿，没有翅膀，并不是昆虫，因为昆虫的成虫为 6 条腿，个头和害螨差不多，只有零点几毫米长。

它们身体虽然小，但生性凶猛，动作敏捷，是个搜捕猎物的能手，遇到庞大的猎物还喜欢联合作战。

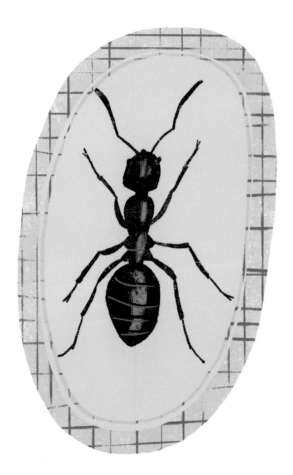

蚂蚁，3 对足（6 条腿），是昆虫

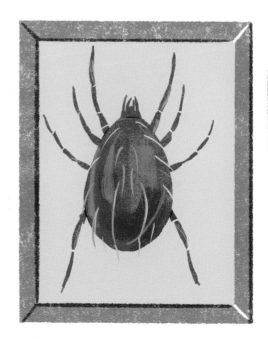

捕食螨，4 对足（8 条腿），不是昆虫

国内外捕食螨的繁殖和应用技术都已经很成熟了，
我国常用的有巴氏新小绥螨、智利小植绥螨、加州新小绥螨、
黄瓜新小绥螨等。

智利小植绥螨

叶螨

多种捕食螨商品

人工饲养叶螨和捕食螨

巴氏新小绥螨捕食的范围广，不仅喜欢吃叶螨，
还喜欢吃蓟马、跗线螨、线虫等，
猎物匮乏时，也可以靠花粉或昆虫蜜露维持。

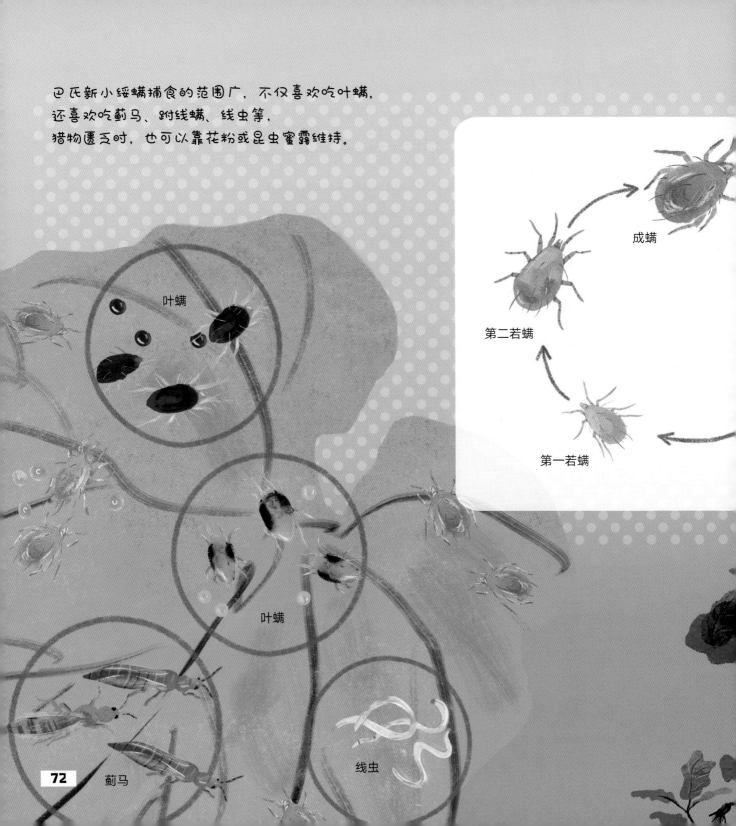

叶螨

成螨

第二若螨

第一若螨

叶螨

蓟马

线虫

巴氏新小绥螨一生经历卵、幼螨、第一若螨、第二若螨和成螨5个阶段。
巴氏新小绥螨的商品化开发始于20世纪80年代，
近年来，工厂化生产与规模应用发展迅速，
已经广泛应用在柑橘、桃、苹果等果树上和茄子、
辣椒、黄瓜等设施蔬菜上防治叶螨、蓟马。

卵

幼螨

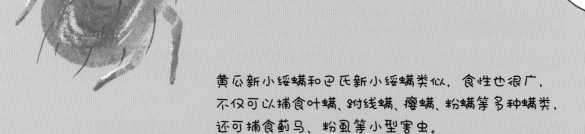

黄瓜新小绥螨和巴氏新小绥螨类似，食性也很广，不仅可以捕食叶螨、跗线螨、瘿螨、粉螨等多种螨类，还可捕食蓟马、粉虱等小型害虫。

人工饲养

20 世纪 80 年代引入中国，
是目前国内研究最多、规模化程度最高的捕食螨，
已广泛应用于柑橘、棉花、设施蔬菜、
草莓等作物上防治害螨、蓟马。

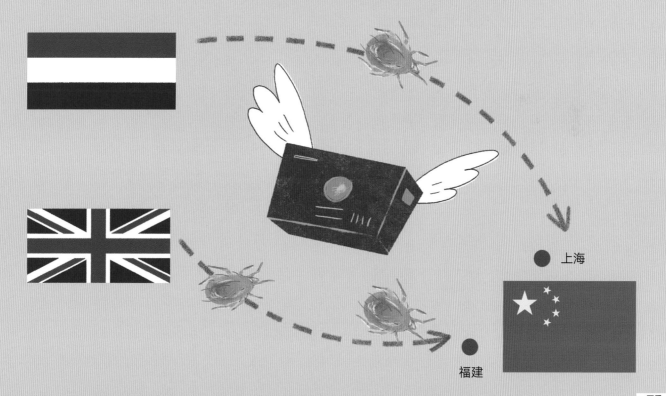

上海

福建

智利小植绥螨同属于植绥螨科，最早在智利发现，
是国际上防治叶螨的明星产品，
也是我国成功应用的捕食性天敌之一。
现已广泛用在草莓、蔬菜、花卉、茶叶等多种作物上防治叶螨。
智利小植绥螨一生经历卵、幼螨、第一若螨、第二若螨和成螨5个阶段。
个头比叶螨还大，成螨、若螨均为橙色、球形。

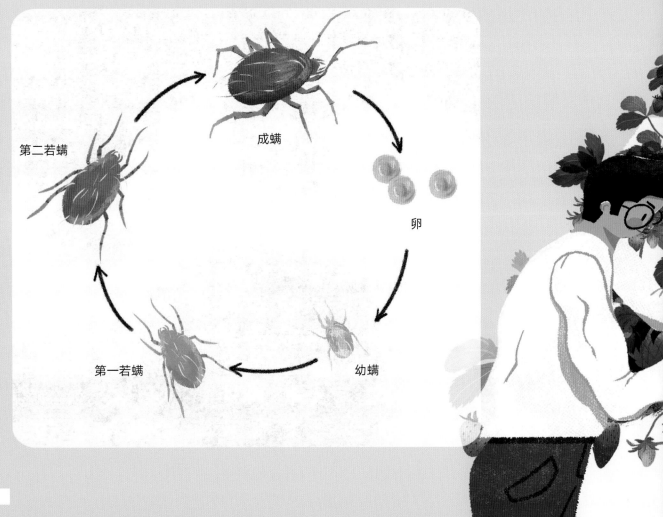

第二若螨

成螨

卵

第一若螨

幼螨

还是叶螨好吃，
我只吃叶螨！

叶螨食谱

清蒸叶螨

红烧叶螨

叶螨寿司

叶螨蛋花羹

炭烤叶螨卵串串

与前面两种捕食螨不同，智利小植绥螨只吃叶螨，不吃其他的螨和害虫。
智利小植绥螨行动比叶螨快，繁殖能力强，
捕食量大，对叶螨的控制效果可以与化学农药媲美。
捕食能力最强的雌成螨，每天能吃 60 ~ 70 粒叶螨卵。

智利小植绥螨 20 世纪 70 年代引入我国，
目前在我国已经能够实现工厂化生产。
因为智利小植绥螨只吃叶螨，
所以规模化生产用的是植物—叶螨—捕食螨的繁殖法。

扫一扫
有惊喜

第二部分
寄生潜伏者

赤眼蜂

赤眼蜂是膜翅目赤眼蜂科昆虫的统称，是许多农林害虫的重要寄生性天敌。

是世界上研究最多、应用最广的一类卵寄生蜂。

赤眼蜂寄主范围非常广，

包括鳞翅目、鞘翅目、双翅目、直翅目、半翅目等11个目90多个科昆虫。

其中，以鳞翅目的螟蛾科和夜蛾科最多，一共有300多种。

国内赤眼蜂中，寄主范围最广的三种是松毛虫赤眼蜂、螟黄赤眼蜂和稻螟赤眼蜂。

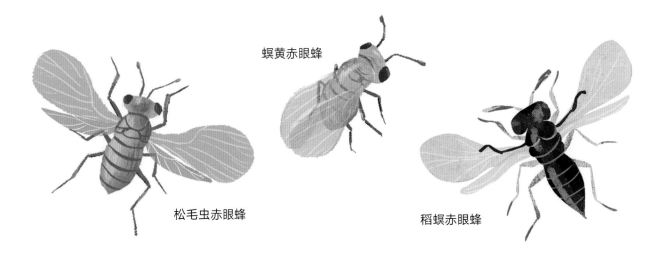

螟黄赤眼蜂

松毛虫赤眼蜂

稻螟赤眼蜂

赤眼蜂成虫将卵产在害虫卵内，然后在寄主卵内发育，导致寄主死亡，

成虫羽化后咬破卵壳出来，取食蜜露提高寿命和产卵量。

赤眼蜂产卵

玉米螟卵变黑

赤眼蜂出蜂

评估寄主的卵

发现寄主的卵

赤眼蜂成虫靠触角寻找寄主，
找到寄主后用触角敲击寄主的卵，
评估卵的大小、形状、营养等，确定产卵量和雌雄比例。
然后爬到卵上，用腹部末端的产卵器向寄主体内探钻，
把卵产在里面。

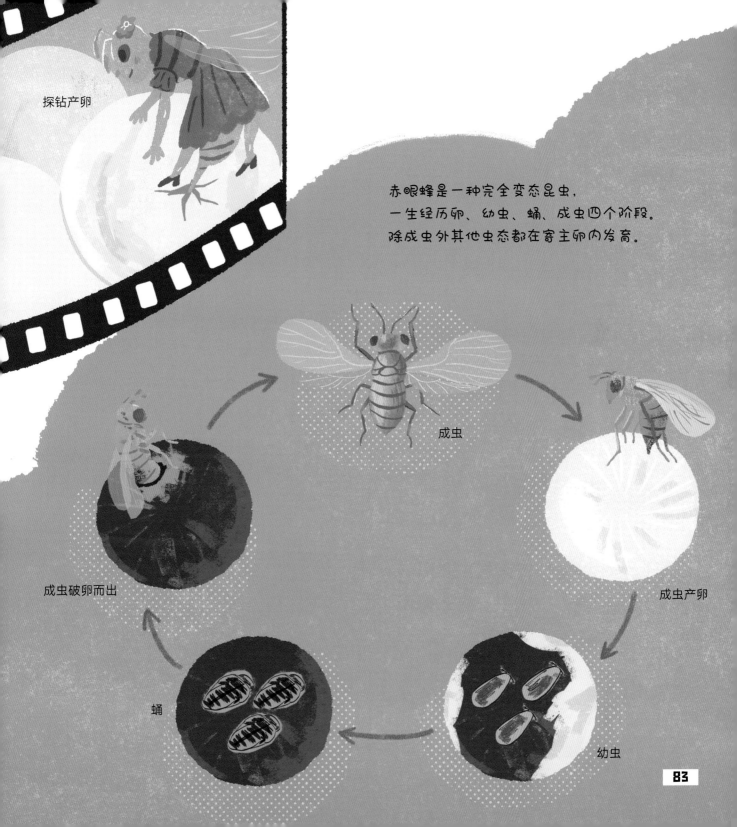

探钻产卵

赤眼蜂是一种完全变态昆虫，
一生经历卵、幼虫、蛹、成虫四个阶段。
除成虫外其他虫态都在寄主卵内发育。

成虫

成虫产卵

成虫破卵而出

蛹

幼虫

国际上最早应用赤眼蜂是在 1882 年，
加拿大从美国引进
微小赤眼蜂防治害虫。

蜂卡

赤眼蜂

赤眼蜂

蜂球

丰富的天敌产品

我国20世纪30年代开始研究，实现了人工繁育和商品化。
70年代开始广泛用于防治玉米螟、松毛虫、棉铃虫等，
目前，已成为应用赤眼蜂防治害虫面积最大的国家。

用赤眼蜂的关键是把握好释放时期，
要在害虫产卵初期开始放蜂，做到蜂卵相遇。
将蜂卡别在叶片的背面，避免阳光直射。

玉米螟成虫产卵

蜂卵相遇

玉米螟幼虫

目前应用最多的有松毛虫赤眼蜂、玉米螟赤眼蜂、螟黄赤眼蜂。
松毛虫赤眼蜂的寄主主要有松毛虫、棉铃虫、地老虎、烟青虫等，
玉米螟赤眼蜂的寄主主要有玉米螟、棉铃虫、烟青虫等，
螟黄赤眼蜂的寄主主要有甘蔗螟虫、二化螟、稻螟蛉、食心虫等。
这三种赤眼蜂可用于防治大田玉米和水稻、温室和露地蔬菜上的多种鳞翅目害虫。

螟黄赤眼蜂的应用

丽蚜小蜂

在农田里，"小白蛾"的另一大克星是丽蚜小蜂。

丽蚜小蜂为膜翅目、蚜小蜂科，是粉虱重要的寄生性天敌。

丽蚜小蜂可寄生多种粉虱科害虫，主要寄生烟粉虱和温室白粉虱。

丽蚜小蜂成虫体型微小，只有0.6毫米，头部深褐色，胸部黑色，雌虫腹部黄色，腹部末端有很长的产卵器。

丽蚜小蜂营孤雌生殖，雄性比较罕见，腹部棕色。

雄虫成虫

雌虫成虫

丽蚜小蜂的一生要经过卵、幼虫、蛹、成虫四个阶段，幼虫有了龄。
丽蚜小蜂除成虫外其他虫态都是在寄主体内发育，
被丽蚜小蜂寄生约8天后，粉虱的若虫或蛹会变黑。

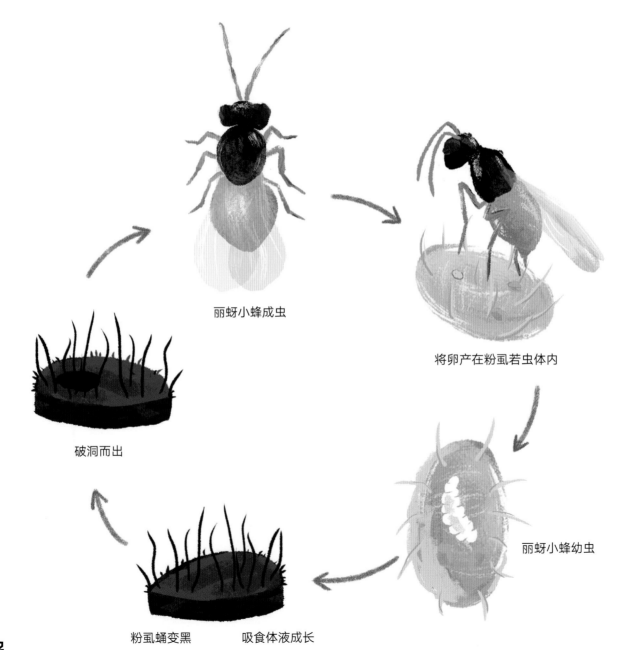

丽蚜小蜂成虫

将卵产在粉虱若虫体内

破洞而出

丽蚜小蜂幼虫

粉虱蛹变黑　　吸食体液成长

"砰"

"砰一砰一"

寄生时，雌蜂先用触角触碰和敲打粉虱，
确定是否已经被其他小蜂寄生。
丽蚜小蜂不仅可以将卵产在粉虱若虫或蛹体内将粉虱杀死，
还可以直接取食粉虱若虫体液。
丽蚜小蜂一生平均可杀死 95 只若虫。

雌蜂用触角探查粉虱若虫

丽蚜小蜂最早在英国开始研究和应用，
到20世纪90年代，
美国、英国、加拿大、澳大利亚等国家都成功应用丽蚜小蜂防治粉虱。
目前已经是世界上广泛商业化的天敌之一，可有效控制温室白粉虱和烟粉虱。
我国1978年从英国引进丽蚜小蜂，
目前已经有了成熟的商品，可用于番茄、茄子等作物上粉虱的防治。

粉虱产卵

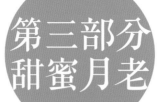

第三部分
甜蜜月老

蜜蜂

蜜蜂属于膜翅目、蜜蜂科，是农田里必不可少的昆虫。
蜜蜂是有名的社会性昆虫，过着群居生活，分工明确。
一个蜂群一般有一只蜂王，
600～800只雄蜂，成千上万只工蜂。

蜂王

雄蜂

工蜂

97

蜂王个体大，唯一工作就是产卵，
中华蜜蜂的蜂王一天能产 700 ~ 800 粒卵，
意大利蜜蜂的蜂王一天能产 1500 ~ 2000 粒卵。

雄蜂追逐求爱蜂王

雄蜂唯一的职能就是与蜂王交配繁衍后代，
它们中个头最大、飞的最快的雄蜂会被蜂王选中交配，
交配后不久就会死亡。
没被蜂王看中的雄蜂，会被工蜂赶出蜂巢，最后饿死。

修建蜂巢

哺喂幼蜂

侍奉蜂王

采花酿蜜

工蜂个体比较小，承担全部劳动，修建蜂巢，哺喂幼蜂，采花酿蜜，侍奉蜂王，清理蜂房，守卫门户。

清理蜂房

守卫门户

蜜蜂一般会派出侦查兵去寻找蜜源,
找到蜜源后会通过"跳舞"告诉大家蜜源的位置。
"8"字舞是说蜜源在比较远的地方,
圆圈舞说明蜜源就在附近。

找到蜜源

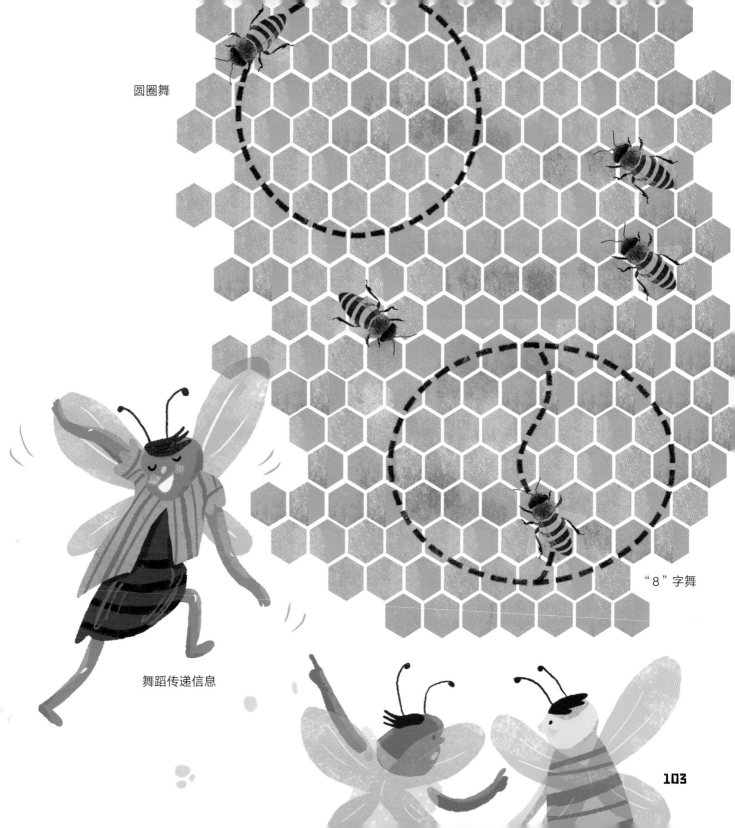

圆圈舞

"8"字舞

舞蹈传递信息

蜜蜂是世界上最高明的建筑师，
它们将蜂房建造成六边形，排列紧密，
而且节省材料，结构巧妙，造型奇特。

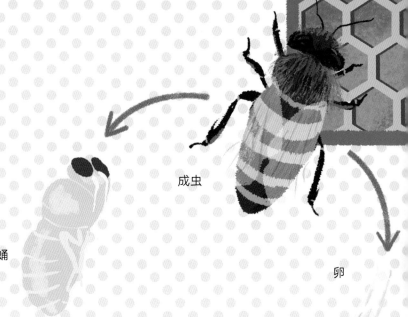

成虫

卵

蛹

蜜蜂是完全变态昆虫，
一生要经历卵、幼虫、蛹、成虫四个阶段。

幼虫

现代农业多是在温室大棚里生产，
大棚盖着塑料膜，蜜蜂飞不进去，
那么里面的作物怎么授粉呢？
人工饲养的蜜蜂不仅可以产蜂蜜、采花粉，
还能给大棚里的作物授粉。
蜜蜂授粉可以大大地提高产量，改善品质。
通过蜜蜂授粉的草莓、西瓜，不仅香甜可口，还安全健康。

因为蜜蜂对很多农药敏感，
用了农药会把蜜蜂毒死，
释放蜜蜂之后，就不能再喷洒农药了。

农药

熊蜂

熊蜂属于蜜蜂科熊蜂属，也是一种重要的传粉昆虫，体型比蜜蜂大，浑身布满黑色、白色、黄色的绒毛。熊蜂也是过群居生活，蜂群由蜂王、雄蜂、工蜂组成。大多数熊蜂蜂群有 50 ~ 400 只蜂，比蜜蜂少多了。

熊蜂蜂巢

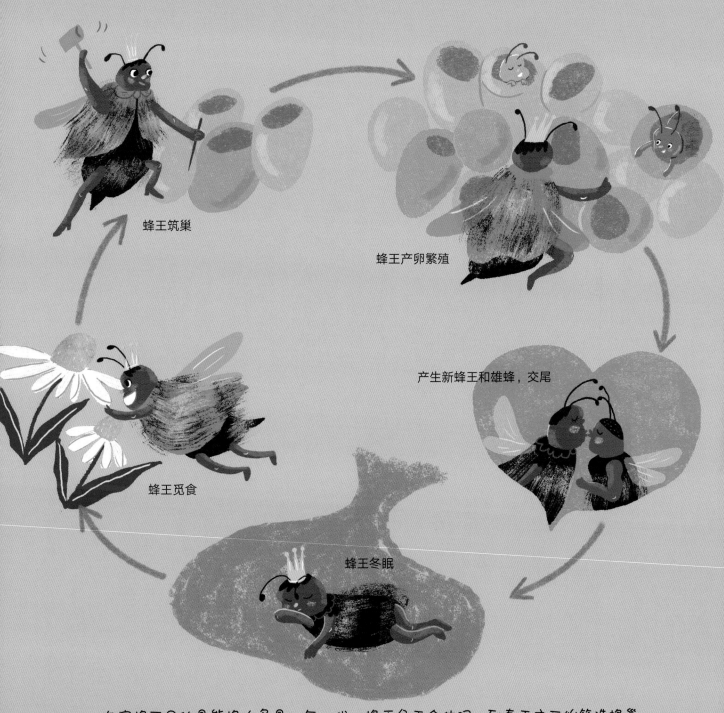

蜂王筑巢

蜂王产卵繁殖

产生新蜂王和雄蜂，交尾

蜂王觅食

蜂王冬眠

与蜜蜂不同的是熊蜂大多是一年一代，蜂王冬天会休眠，到春天才开始筑造蜂巢，然后开始产卵、繁殖。先产生工蜂，夏秋季节再产生雄蜂和新蜂王，新蜂王交配后开始储存能量准备冬眠。

熊蜂的吻长 9 ~ 17 毫米，是蜜蜂的 2 倍多，特别适合给番茄、茄子、辣椒这种花冠筒较深的植物授粉。

熊蜂的吻

蜜蜂的吻

5千米

熊蜂个头大、寿命长、飞得远，采集能力比其他蜂更强，强壮的熊蜂，一天能飞5千米。

熊蜂耐潮湿、低温和弱光，
在蜜蜂不出巢干活的阴冷天气，
也可以出巢访花授粉。

熊蜂的趋光性差，
在温室里不会像蜜蜂一样飞撞棚膜。

熊蜂的进化程度低，信息交流不发达，
可专心在温室内工作，
不像蜜蜂会想方设法飞到
温室外的其他花上去。

嗡~嗡~嗡

有一些靠声音震动
才能传粉的植物就特别适合用熊蜂。

橘色吻痕

温室里用熊蜂授粉，一般一箱六七十只，可以用一个多月，
熊蜂工作时会在花瓣上留下吻痕。
熊蜂授粉可以提高产量，改善品质，
结出来的果实又多又好又安全！

授粉后 1 ~ 2 天

授粉后 2 ~ 3 天

授粉后 5 天以上

后记

随着绿色发展理念的深入人心，保护和利用害虫天敌在农林业生产中的作用越来越重要。
经过多年的研究，已经商品化的天敌品种约 30 个，
这些天敌朋友们像田间卫士一样，时刻保护着我们的农田。
在农田里，有一群微小的动物，它们如八仙过海，各显神通，
用自己天生的武器，与害虫开战，保护我们的农作物。
快来《了不起的农田护卫队》里，一睹它们的风采吧！

扫一扫
有惊喜